52108429R00061

Made in the USA
Lexington, KY
09 September 2019